U0166604

图书在版编目（CIP）数据

进化：13节生物小课堂 /（法）拉斐尔・马丁，（法）亨利・卡普著；（法）弗雷德・L. 绘；孙娟译. -- 北京：北京联合出版公司，2022.12

ISBN 978-7-5596-5900-2

Ⅰ. ①进… Ⅱ. ①拉… ②亨… ③弗… ④孙… Ⅲ. ①物种进化—青少年读物 Ⅳ. ①Q111-49

中国版本图书馆CIP数据核字（2022）第211032号

进化：13节生物小课堂

[法] 拉斐尔・马丁（Raphaël Martin） [法] 亨利・卡普（Henri Cap） 著
[法] 弗雷德・L.（Fred L.） 绘
孙娟 译

出 品 人：赵红仕
出版监制：刘 凯 赵鑫玮
选题策划：联合低音
特约编辑：刘苗苗
责任编辑：王 巍
装帧设计：薛丹阳

关注联合低音

北京联合出版公司出版
（北京市西城区德外大街83号楼9层 100088）
北京联合天畅文化传播公司发行
北京华联印刷有限公司印刷 新华书店经销
字数26千字 787毫米 × 1092毫米 1/8 5印张
2022年12月第1版 2022年12月第1次印刷
ISBN 978-7-5596-5900-2
定价：68.00元

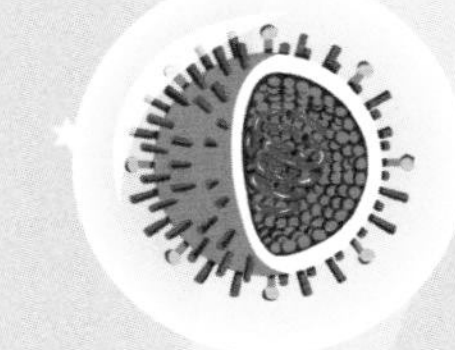

进化

ÉVOLUTIONS

[法] 拉斐尔 · 马丁（Raphaël Martin） [法] 亨利 · 卡普（Henri Cap） 著
[法] 弗雷德 · L.（Fred L.） 绘 孙娟 译

13节生物小课堂

北京联合出版公司 · 后浪
Beijing United Publishing Co.,Ltd.

目录

我们的眼睛来自哪里？我们的肺是不是从远古鱼类进化 * 而来？为什么我们和猴子如此相似？想要解开这些谜团，那就跟着两位小主人公一起穿越时空吧！他们将带你回顾进化的整个历程。进化是一种已经持续了数亿年的自然现象。我们身体的每个部位都在以自己的方式讲述着它的历史。

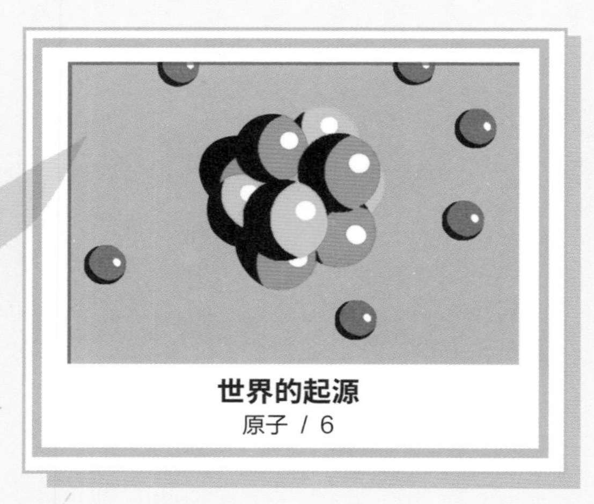

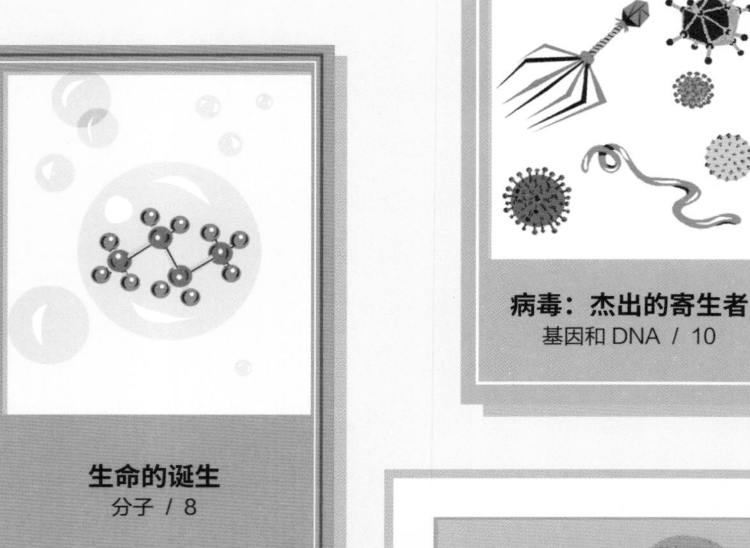

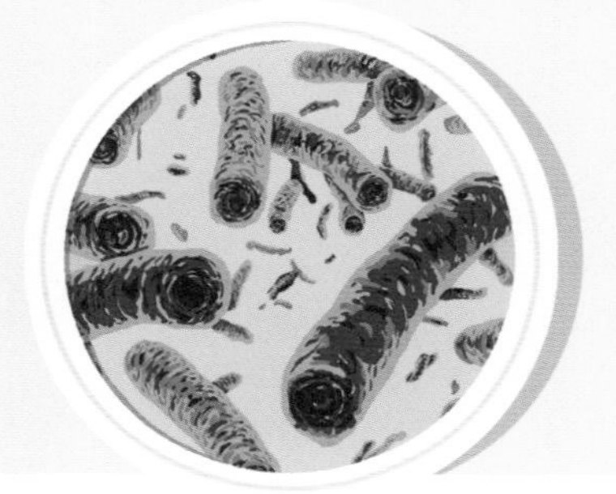

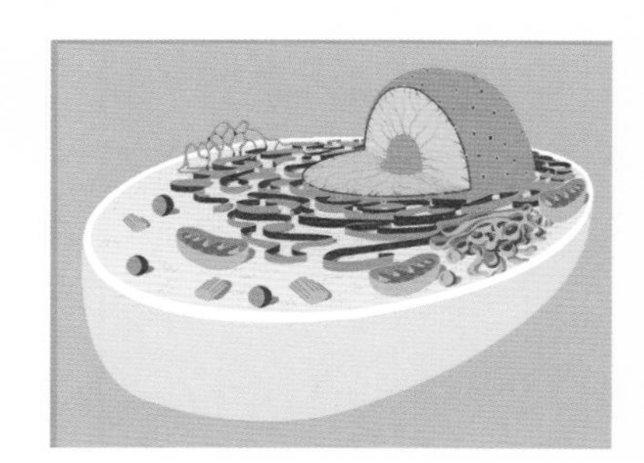

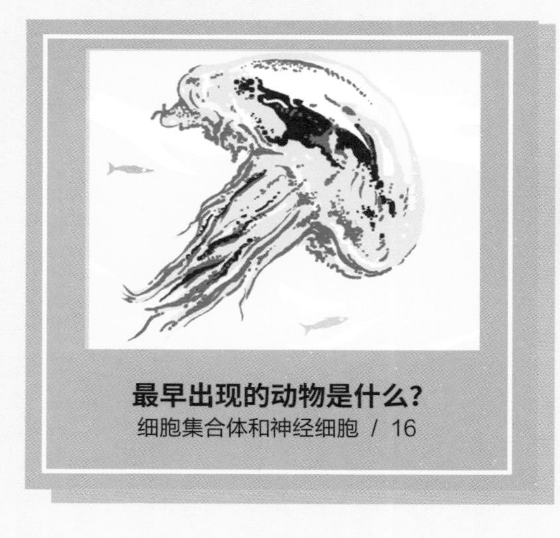

什么是生物？

真菌、植物、细菌、人类或其他动物，都是地球上的生物。生物由单个或多个细胞 * 组成。细胞能够产生能量，分泌生命所需的各种物质。每个细胞都包含一种名叫 DNA* 的分子 *，上面存储着对生物生存和繁殖 * 至关重要的基因 *。因此，孩子眼睛的颜色和斑马条纹的形状都取决于父母的特征。

带 * 号的词，详见本书末尾的词汇表。

你们说的是进化吗？

古希腊诗人认为，泰坦神族的普罗米修斯用泥土和河水创造了人类。即便是现在，仍有不少人相信植物、人类及其他动物都是神创造的，而不是进化来的……或许，生物的进化多少有点神奇，但在这本书里，我们还是让科学家来解释吧！

适应环境

1809 年，法国生物学家拉马克提出，物种 * 为了适应环境的变化，经常或不常使用身体的某些部位，从而导致它们发生变化。比如，长颈鹿因为长期啃食高处的树叶，所以颈部和四肢逐渐变得细长。

还是自然选择*？

50 年后，英国生物学家达尔文提出“自然选择”的观点。他认为，物种可能会因自然选择而发生偶然性 * 的变异，这些变异对这种生物可能有利，也可能无益。例如，长颈鹿天生拥有细长的脖颈，比其他动物更容易获取高处的食物，因此也就有了更多生存和繁殖的机会。

今天的科学家怎么说？

生物在繁殖的过程中，DNA 可能会发生偶然性的“突变 *”。如果这些新变化对该生物是有利的，那么它就比其他生物拥有更多繁殖的机会。而且，它的后代也会继承这一特性。达尔文得 1 分！

不过，细胞也会根据环境发出的信号（食物、温度……）使 DNA 处于激活或失活状态，进而使生物更快地适应环境。同样，后代也会继承这些适应性。拉马克得 1 分，和达尔文打成平手！

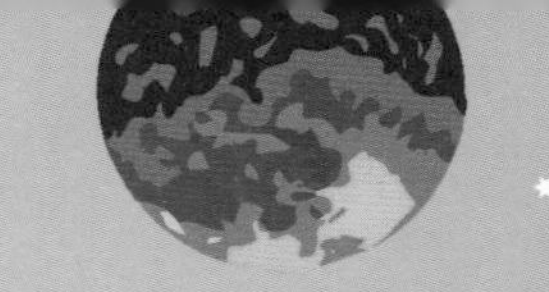

世界的起源

137 亿年前，宇宙在一次前所未有的大爆炸中诞生了，从此开始不断扩张。恒星、行星及其他天体在宇宙中逐渐形成。其中，地球至今已有约 45 亿年的历史。构成星球、生物等万物的原子 * 也源于此次大爆炸。可以说，我们都由星尘组成！

氧和氢

氧原子和氢原子结合形成水分子——H_2O。水分子早在 44 亿年前就已经在地球上存在了……成年人身体中约 65% 都是水。

碳

碳原子是构成各种糖类的基本成分，而糖类则是生物不可或缺的“燃料”。碳原子和钙原子结合后，具有强化骨骼的作用。

氮

氮和氧是构成空气的主要原子。大多数生物都需要呼吸空气。

我们都由 CHNOPS 6 种基本元素构成

CHNOPS 是构成生物体的 6 种基本元素的英文首字母缩写。这些原子均源于大爆炸，包括碳（C）、氢（H）、氮（N）、氧（O）、磷（P）和硫（S）。

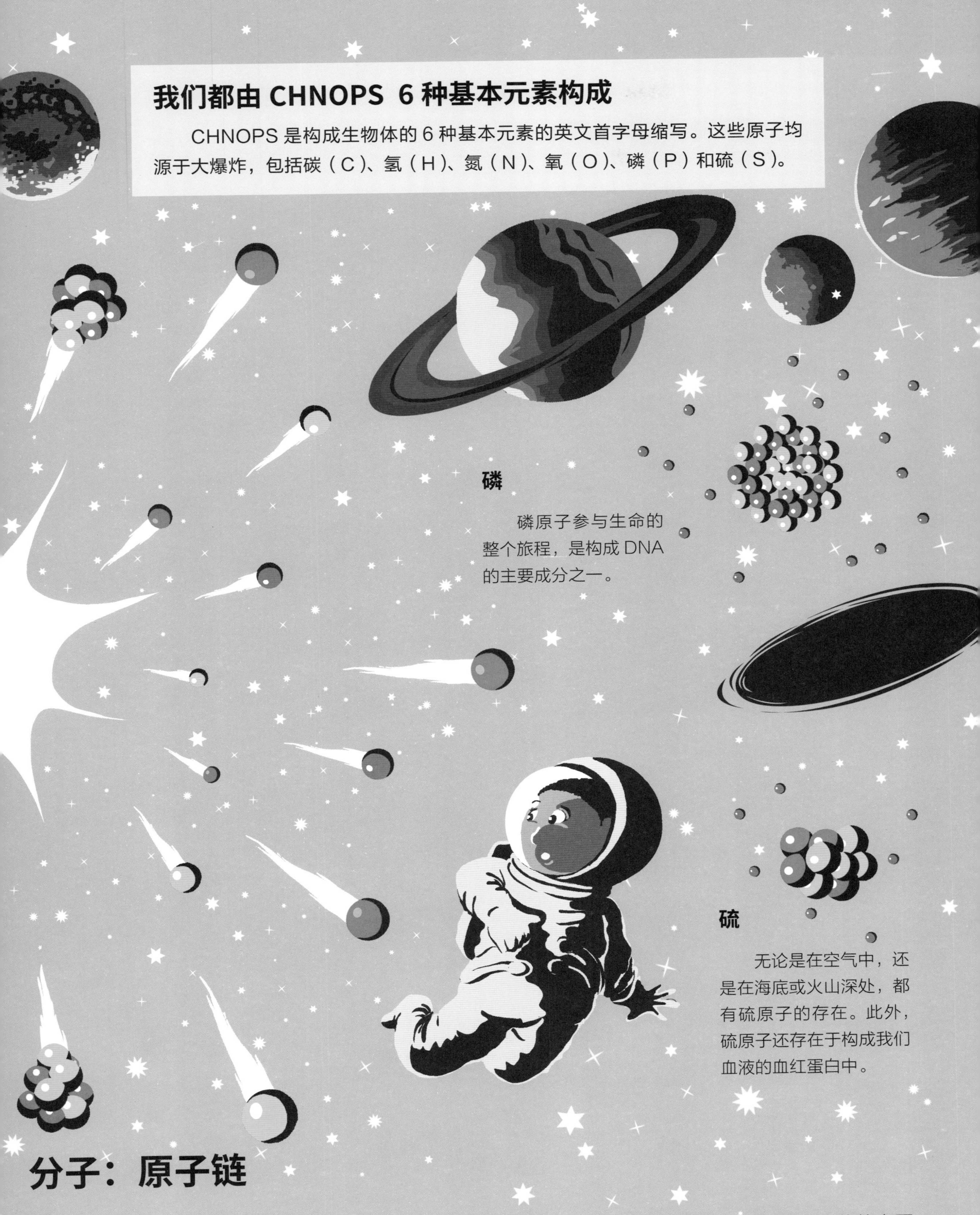

磷

磷原子参与生命的整个旅程，是构成 DNA 的主要成分之一。

硫

无论是在空气中，还是在海底或火山深处，都有硫原子的存在。此外，硫原子还存在于构成我们血液的血红蛋白中。

分子：原子链

同类原子的总称为元素。迄今为止，地球上已知的元素共有 118 种，包括铁、氯、银、氦……原子组合在一起形成分子，有些分子是生物体的主要组成成分，比如水、糖类、脂类和蛋白质 *。

生命的诞生

38 亿年前，地球是一个名副其实的化学实验室：在阳光、闪电和陨石的作用下，海水中的分子互相碰撞、结合。生命就这样诞生了！

气泡的故事

生物最早可能是从海洋中诞生的。如果用放大镜观察，波浪泡沫和肥皂泡沫一样，都含有极其微小的气泡。它们可能是地球上第一批微生物的保护膜。另一种可能是生命诞生于深海火山附近，至今，那里仍然可以找到一种非常古老的微生物——古菌。

露卡（LUCA）：生物共同的祖先？

或许，所有生物都有一个共同的祖先！它会是只有几个基因的简单分子吗？它会有外壁包裹吗？它看起来会不会就像一个微型肥皂泡？目前，科学家对此尚无确切结论，只是把它命名为“露卡”（LUCA）。LUCA 是英语“最后普遍共同祖先”（Last Universal Common Ancestor）的首字母缩写。

生命的“原始汤”

1953 年，美国科学家斯坦利 · 米勒将水和一些 40 亿年前就存在的大气成分混合在一起，然后利用电弧模拟闪电，对其进行电击。一周后，这些成分合成了多种普遍存在于生物体内的氨基酸 *。这份“原始汤”虽然并未完全再现生命诞生时的环境，但肯定散发着真理的味道。

病毒：杰出的寄生者

数 10 亿年来，病毒始终参与着生命的伟大历程。病毒有什么特长呢？它们可以寄生在比自身大 1000 倍的细胞内，进行繁殖。

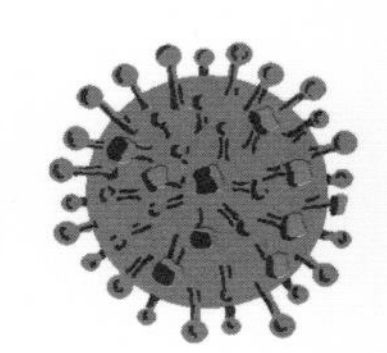

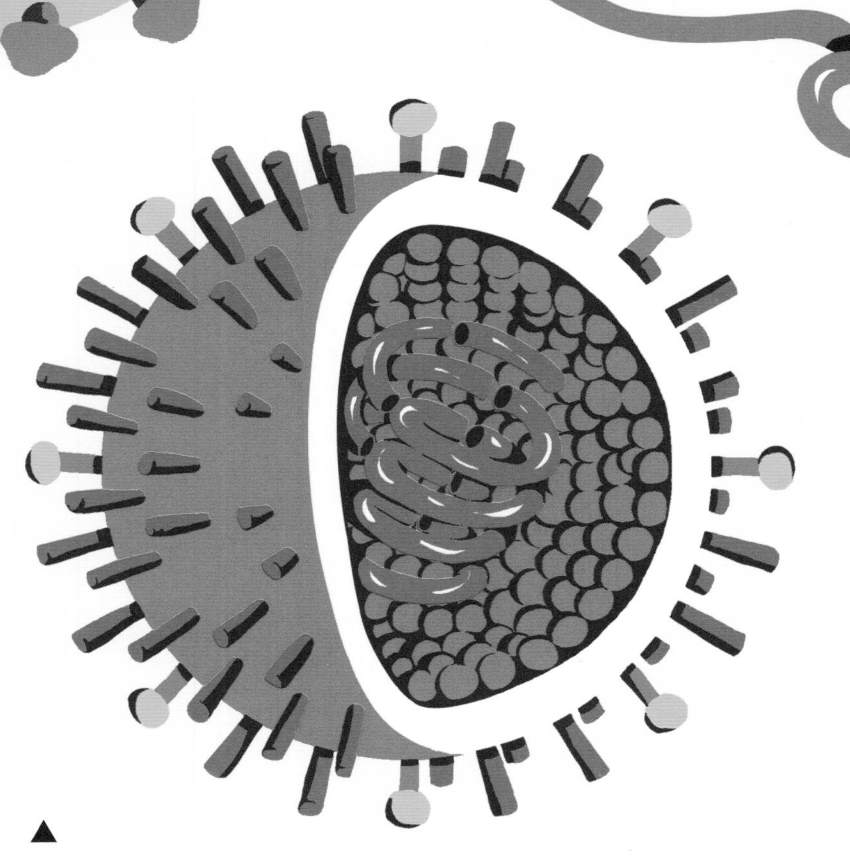

▲
流感、艾滋病、肝炎都是通过病毒传播的。这些寄生生物 * 外有一层包膜，掌握着非常有效的繁殖方法。它们先将自己的 DNA 或 RNA 注入宿主细胞体内，然后对它进行重新编码，复制出几百万个病毒。它们可真是名副其实的传染者呀！在拉丁语中，“病毒”（virus）一词意为“毒药”。

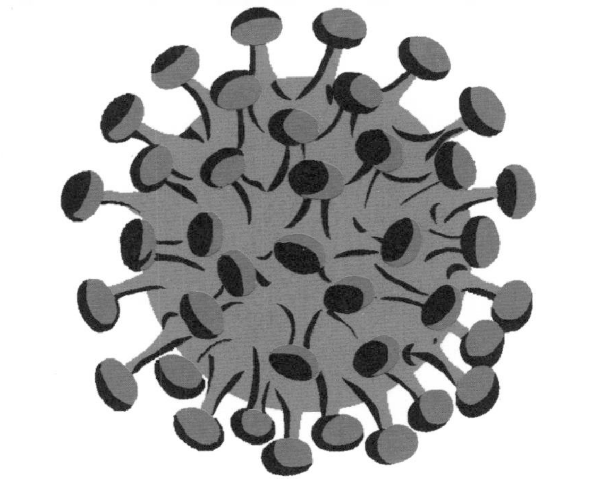

慷慨的基因捐助者

据说，人类 50% 的 DNA 都来自病毒。除此之外，还有更多意想不到的事情呢……哺乳动物既然是蜥蜴和乌龟的近亲，为什么不像它们那样产卵呢？究其原因，主要是一种远古病毒改变了哺乳动物的 DNA 结构，使雌性哺乳动物的子宫内可以形成能够孕育胚胎的胎盘。

因为有了胎盘，小象可以跟人类宝宝一样，在母亲的子宫里生长。绝大多数哺乳动物都是这样。它们早已不再产卵，因为卵太容易被捕食者吃掉。

▼

请出示您的证件！

有些遗传自病毒的 DNA 片段被称为“转位因子”，它们构成了我们的“遗传印记”。正是通过“遗传印记”，警察才能凭借犯罪现场的一滴血或一根头发找到罪犯。

古菌和细菌时代

30 多亿年前，海洋中诞生了地球最原始的生命体——古菌和细菌。

一些细菌会引发疾病（鼠疫、破伤风等），另一些则是人体不可或缺的一部分，比如那些生活在消化道内帮助我们消化食物的细菌。我们不断地大量摄入它们。要知道，每克酸奶中的乳酸菌含量可高达 1000 万个！ ▶

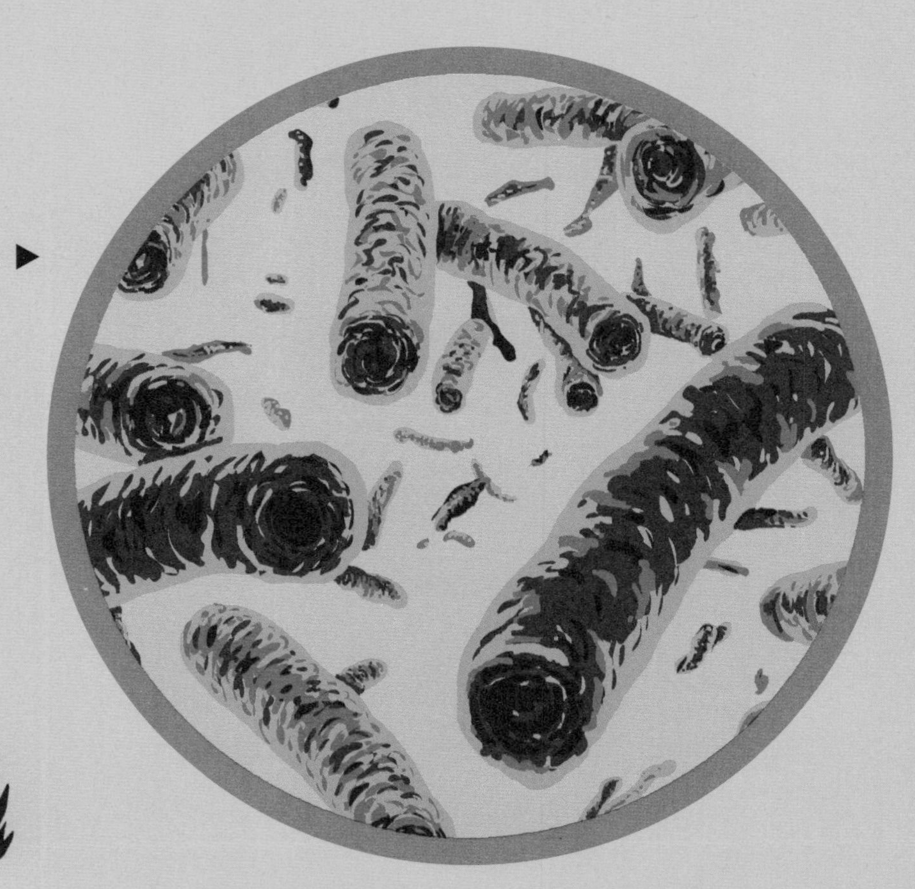

细菌：充满生机！

细菌具有外膜，在显微镜下看起来就像个袋子。在袋子里面，有一个项链形状的 DNA 分子，上面携带着维持机体运转，尤其是繁殖所需的所有程序。自古至今，细菌始终遍布于大陆和海洋。

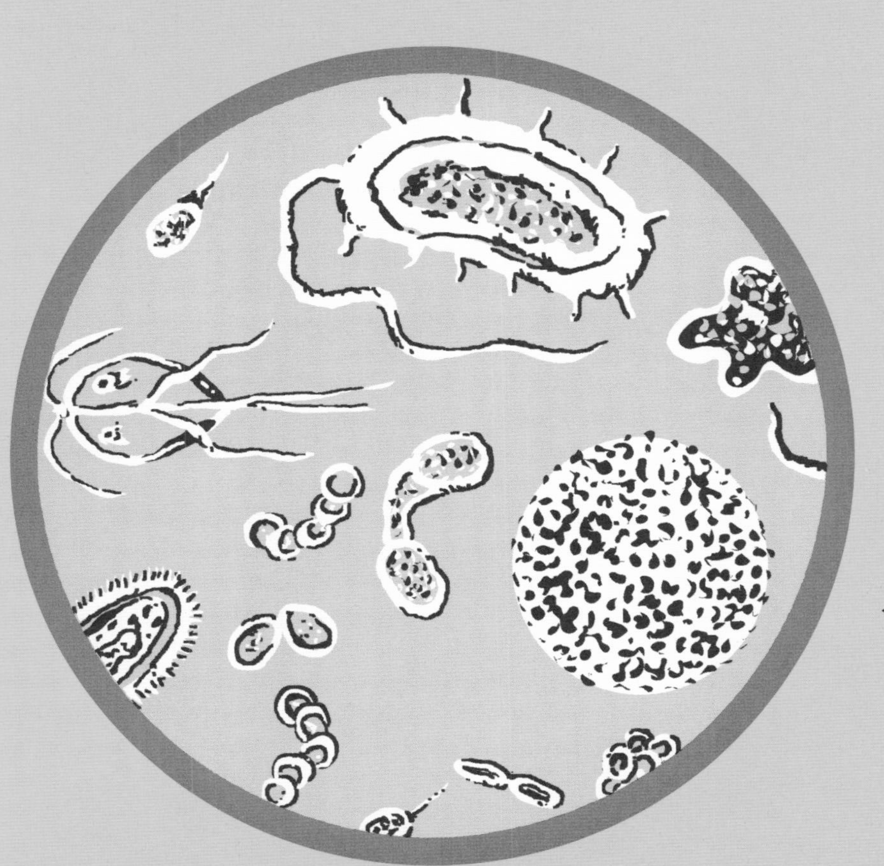

人体细胞的祖先是什么？

细菌和古菌是最原始的细胞，由单个 DNA 分子组成。这个 DNA 分子存在于一种凝胶状物质，即细胞质中，且由外膜包裹。跟病毒相比，细菌和古菌的最大优势在于不具有寄生性。也就是说，它们不需要借助宿主细胞维持生存或进行繁殖。组成我们身体的细胞很有可能是原始细菌长期转化 * 而来的。

◀ 古菌也被称为“来自地狱的微生物”，可以在冰冻的海洋、咸水湖、间歇泉、油井，甚至是人类肚脐等极端环境下生存。生命力最强的古菌可以抵御 100℃ 以上的高温：它们生活在深海热液喷口附近。据说，那里是生命诞生的摇篮。

古菌：极端生物

古菌和细菌是近亲，两者之间有什么显著不同吗？跟细菌相比，古菌有更加结实的外膜，因而几乎可以在任何环境下生存。古菌诞生 30 亿年后，开始为人类提供宝贵的帮助。它们跟细菌一样生活在人体肠道内，帮助我们消化食物。

真核细胞*：一切都在细胞核*中

大约 20 亿年前，地球上出现了真核细胞。这种新型细胞比细菌的进化程度更高，具有名副其实的控制中心——细胞核。真核细胞可以互相结合，形成有机体，且每个细胞都有各自的任务：繁殖、消化、免疫……正是这些细胞构成了我们的身体。

因消化不良而产生的进化

原始真核细胞主要以细菌为食，但有些细菌因不易消化会一直留在细胞中。直至今日，这些细菌仍存在于动植物体内，发挥着积极的作用。线粒体 * 就是这种情况，它是细胞的微型发电厂，使我们的肌肉可以运作，细胞可以呼吸。

DNA 上面有携带遗传密码的基因，可以对人体细胞进行编码，使之产生我们生存所需的物质。细菌的 DNA 外形酷似一条项链。真核细胞的 DNA 盘绕形成螺旋结构，位于细胞核内。如果将人体细胞中的 DNA 展开，长度可达 2 米多！

▼

繁殖：各显神通

细菌通过分裂的方式进行繁殖，即将自己分裂成两个一模一样的细菌，就像复印一样。一些真核细胞可以进行有性繁殖，将同种生物雌性和雄性个体的基因结合在一起。几代繁殖后，这种生物能更快地适应环境，也就能更快地进化。

细胞来访

细胞核：控制中心

内质网：蛋白质合成基地

线粒体：能量工厂

高尔基体：储存脂肪和蛋白质

微管：细胞骨架

囊泡：运输细胞产生的物质

各有所长

数 10 亿的真核细胞组成了我们的身体。真核细胞的形状因功能而异，但它们都有细胞膜 *，其中大部分同时还具有细胞核。这些真核细胞，有些构成肌肉，有些构成血液，还有些构成头发或指甲。真是各有所长呀！

最早出现的动物是什么？

大约 7 亿年前，地球上出现了最早的动物。它们长得像什么呢？应该像大量细胞自然黏合成的集合体吧。在这些最古老 * 的动物中，海绵和水母至今仍生活在海洋里。

海绵是最早形成的动物，同时也是进化史上的一个盲端。很久以前，它们就已经几乎不再进化了。海绵既不能自己行走，也没有感知周围环境的神经系统，只能通过过滤海水的方式摄取食物。在海绵的体腔里，通常寄居着一只小海虾。在海绵的保护下，小海虾可以躲避捕食者的袭击。

▼

什么是动物？

你可能觉得答案很简单，但实际正相反，我们很难定义什么是动物。科学家更喜欢用“后生动物”一词，目前，他们已经在这个类别里识别了 150 万个物种，其中有虱子、蚯蚓、人类，甚至还有珊瑚……这些物种有什么共同点呢？它们都由真核细胞组成，细胞膜由胶原蛋白黏合在一起。

复杂的组织*

细菌可以集群而居并不发生转变，但动物细胞可以形成组织。这些组织各有所长：有些负责繁衍后代，有些善于消化食物，还有些具有免疫或感知能力。

水母的眼睛可以感知光线，但因为它没有大脑，所以不能像章鱼那样辨认周围物体。

地球上最古老的动物，▶包括水母、珊瑚和海葵等，已经具有专门的细胞。这些细胞带有非常敏感的“传感装置”，随时可以启动毒刺的自我保护模式。在海里游泳时，千万要保持警惕！因为这些蜇人的古老生物经常在海洋里出没。

骨骼出场啦！

大约 5.5 亿年前，有些动物进化出了保护神经系统的脊椎。目前，世界上已知的脊椎动物有 5 万多种，包括鲨鱼、鼩鼱、人类等。

海星的近亲

动物自诞生以后，逐渐进化成两大谱系 * 分支。第一个分支包括节肢动物（甲壳动物、昆虫等）、软体动物和蠕虫，它们的神经系统位于腹部；第二个分支包括棘皮动物（海星、海胆等）和原始脊椎动物（远古鱼类），它们的神经系统位于背部（脊髓）。

脊椎动物，如人类、骆驼等，具有支撑身体构架和完成各种动作的内骨骼。螃蟹、瓢虫和蜗牛则只有外骨骼，分别叫作甲壳、体壁和外壳。
▼

骨骼的出现

最早的脊椎动物是什么呢？据说是远古鱼类。这些鱼类已经长有头骨和脊柱，头骨是软骨，具有保护大脑的作用，而脊柱则承担着保护脊髓的责任。远古鱼类的鳍附有肌肉，有助于快速游动。至今仍生活在某些海洋或淡水水域里的七鳃鳗正是它们中的一员，可以说是骨骼进化的见证者。

敏锐的视力和强大的颌骨

在进化过程中，脊椎动物不断获得新的生存能力：大脑日渐发达、眼睛可在光线下辨认物体、颞下颌关节逐渐形成。这简直是发现和捕食猎物的理想“武器”！这一进化阶段的代表性动物是广为人知的霸王龙。霸王龙体形巨大，在脊椎动物诞生不久后，便登上了历史的舞台。

水里的骨骼

跟远古鱼类一样，鲨鱼和鳐鱼的骨架也由软骨组成。随着进化，很多鱼类的内部骨架逐渐骨化。正因如此，现在大部分鱼类都有坚硬的骨刺。作为这些海洋脊椎动物的陆地表亲，我们人类也有坚硬牢固的内部骨架。

四足动物称霸大陆！

大约 3.5 亿年前，水生动物开始登上陆地，它们的鳍逐渐进化成了四肢。这些早期四足动物是哺乳动物、鸟类、两栖动物及爬行动物的共同祖先。

当鱼类能够呼吸空气的时候

离开海洋登上大陆时，早期脊椎动物已经具备呼吸空气的能力，正如至今仍然存活于世的某些古老鱼类。早期陆生动物的肺很有可能来自它们的鱼类祖先，随后又遗传给了我们。

皆有四肢

四足动物长有四肢，可以是爪子、翅膀、腿脚或手臂。四足动物的法语单词“tétrapode”源于希腊语，其中“tétra”代表“四”。四足动物最初有六至八趾，人类的特征之一——五趾特征——出现在第一批爬行动物身上，它们是现在的鸟类、哺乳动物和爬行动物的共同祖先。不过，也有些动物只有两趾，比如鸵鸟。还有些动物甚至连一趾都没有，比如蝰蛇。

高级耳朵

远古鱼类已经具备内耳，可以捕捉水里的声波振动。随着颌骨的演化，四足动物形成了由听小骨组成的中耳，能够将空气中的声波振动传递到鼓膜。毋庸置疑，我们人类也是这一进化的受益者！

最早在陆地上产卵的动物是什么？

爬行动物最早在陆地上产卵。它们之所以能够实现这一壮举，是因为不同于它们在水中产卵的祖先，它们的卵表面有外壳。不过，青蛙等两栖动物仍延续了水中产卵的传统。青蛙在水里产卵，卵孵化出蝌蚪，蝌蚪在水中长大，长为成蛙后，便有了肺和四肢，可以在陆地上生活。

哺乳动物：皮毛和乳汁

大约 2 亿年前，部分四足动物进化成了似哺乳类爬行动物。在进化的过程中，它们形成了皮毛，随后又出现了乳房。因为这两个进化，哺乳动物的种类日渐增多。除此之外，它们的大脑也在进化中变得更加发达。

独家新闻！

人类及其他哺乳动物的祖先并非恐龙，而是比恐龙更古老的似哺乳类爬行动物，如右图所示的犬颌兽。这只怪异的动物距今有多少年了呢？2 亿多年。

皮毛！

6600 万年前，一颗巨大的小行星撞击地球，产生了大量尘埃遮天蔽日，导致地球进入一段极其寒冷的时期。因为难以抵御寒冷，大部分陆生动物相继灭绝，哺乳动物因体表覆盖着一层皮毛才得以幸存。同样，一些长有羽毛的恐龙也抵御住了严寒，进化成了现在的鸟类。

小化石*，大发现

2002 年，在中国发现了一只小型雌性动物的化石。那是迄今发现的最早的有胎盘类哺乳动物化石，距今至少有 1.25 亿年。科学家把它叫作“始祖兽”（Eomaia），意为“最早的祖先”。

有袋动物还是胎盘动物？

袋鼠和考拉都是有袋动物：幼崽出生后，需要待在母亲腹部的育儿袋里继续发育。其他哺乳动物，比如大象、猫、人类等，属于胎盘动物。胎盘是一个暂时性器官，可以使胎儿获取母体的营养并逐渐发育，因此，胎儿在出生时，各项重要功能已经健全。这两大哺乳动物家族已经相互竞争了1.5 亿年之久。有袋动物曾遍布世界各地，但如今只生活在南美洲和澳大利亚。它们会输给胎盘动物吗？

大脑和乳房

哺乳动物的大脑比它们祖先的更加发达，因此萌生了很多奇思妙想：群居，玩耍，借助挖洞或爬树躲避饥肠辘辘的恐龙……除此之外，随着进化，哺乳动物不再产卵，幼崽在母体里发育，出生后通过吮吸乳头摄取食物。不过，鸭嘴兽和针鼹是例外：雌性仍以产卵的方式繁衍后代，从腹部毛孔而非乳头分泌乳汁。

灵长类动物：眼明手巧

大约 6500 万年前，地球上出现了早期灵长类动物。根据生物分类，灵长类动物主要包括各种猿猴，比如人类及其近亲眼镜猴、狐猴等。在所有的哺乳动物中，只有灵长类动物的拇指具有对向性。

拇指对向性

灵长类动物是唯一具有拇指对向性特征的哺乳动物，它们的拇指可以与其他四指对合，形成夹钳，这是抓取水果、制作工具或拿笔书写的理想工具……另外，它们手指上往往长有扁平的指甲，可以互相爱抚、捉虱子。这些行为对社交生活大有裨益。

强大且布满褶皱的大脑

良好的视力、敏感的触觉、集群而居的能力……灵长类动物在进化过程中获益良多，它们需要处理大量信息的大脑能够跟上进化也就毫不奇怪了。相比其他哺乳动物，灵长类动物的大脑更加发达。此外，它们的大脑皮层因布满褶皱而拥有更大的表面积。随着进化，负责智力的区域占据的表面积越来越大……

追本溯源

6500万年前，恐龙灭绝不久以后，普尔加托里猴在地球上出现了。它们通常被认为是以树栖生活为主的灵长类动物的祖先。

三维视觉

灵长类动物不仅具备灵巧的双手，还有一双敏锐的眼睛。它们的眼睛不像很多其他动物那样位于头颅两侧，而是位于脸部，因此可以看到三维物体。凭借这一优势，灵长类动物在树枝之间跳跃时，才能免于失手跌落。有些灵长类动物，比如猕猴、狒狒、大猩猩等，还有辨色能力。不过，狨猴等体形较小的灵长类动物尚未实现这一进化。

站起来吧，两足动物！

700 万年前，有些早已失去尾巴的类人猿学会了直立行走，逐渐进化成了人类。

类人猿的脊柱呈“C”形，不利于长久站立。跟人类相比，类人猿的手臂更长、更强壮、更灵活，因此能够在树上行动自如。几百万年前，我们的祖先开始直立行走，便逐渐失去了这种灵敏性！

至关重要的一步

长臂猿、红毛猩猩、大猩猩和黑猩猩虽然都能直立行走几米，但它们的骨架更适合在树上生活。随着我们的祖先走出丛林来到大草原，灵长类动物家族便开始分化了。我们的祖先逐渐学会了直立行走，因此更容易识别危险……或者食物！

我们是类人猿！

我们和其他类人猿一样，没有尾巴，只有位于脊柱末端的尾骨。我们的头骨看起来也很像幼年大猩猩的头骨。不过，当大猩猩长大后，它们的颌骨会变得突出，眉骨也会变厚，而我们的头骨始终保持不变！

人类的祖先

700 万年以来，在地球上生活过的两足动物不计其数，其中有些是我们的间接祖先，比如现已发现化石的乍得沙赫人和图根原人。南方古猿化石露西（Lucy）被认为是我们的远古近亲。不过，30 万年前出现的智人（也就是我们）才是唯一幸存下来的人类物种。毋庸置疑，我们的祖先生活在非洲！

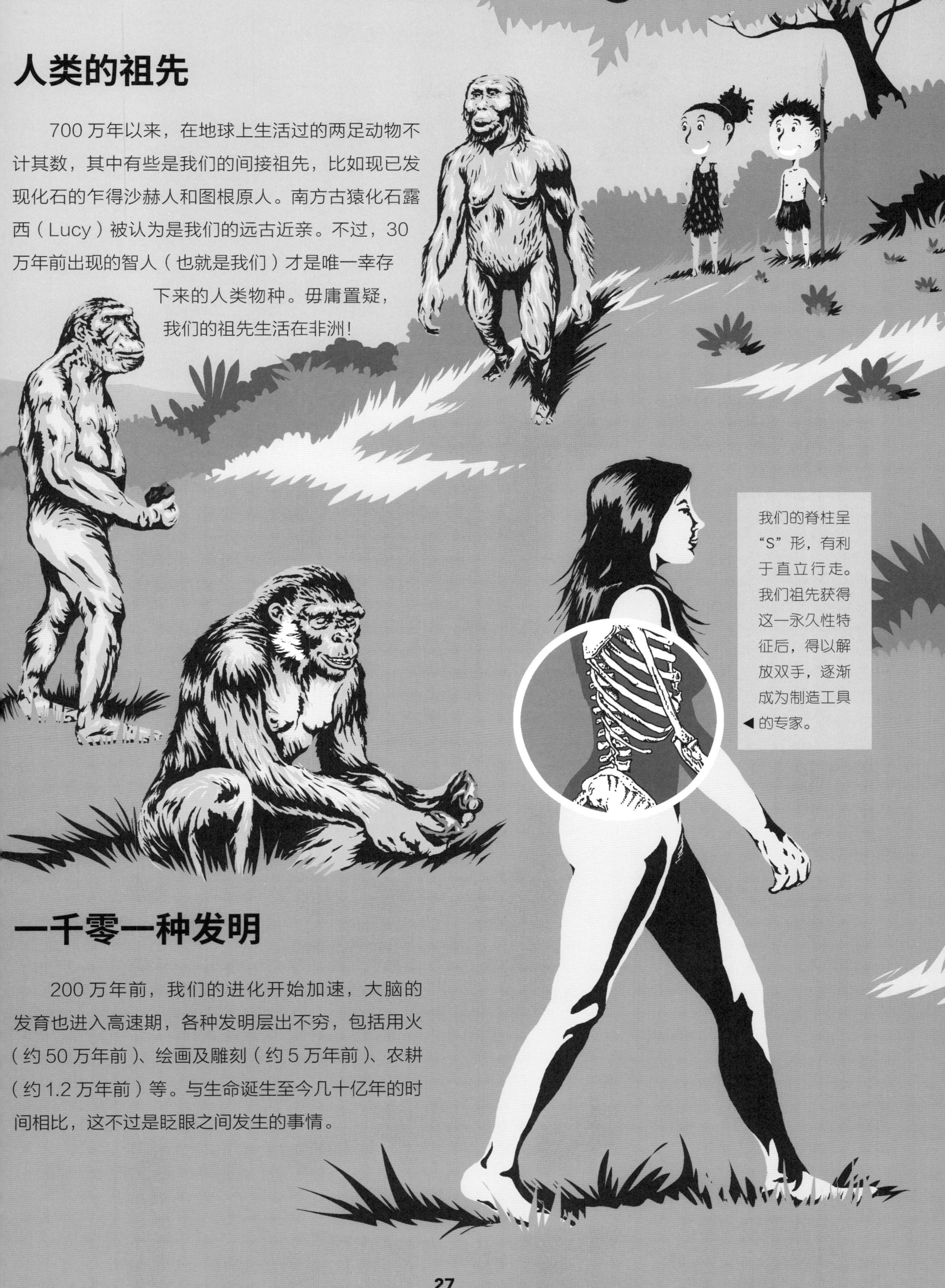

我们的脊柱呈“S”形，有利于直立行走。我们祖先获得这一永久性特征后，得以解放双手，逐渐成为制造工具的专家。

一千零一种发明

200 万年前，我们的进化开始加速，大脑的发育也进入高速期，各种发明层出不穷，包括用火（约 50 万年前）、绘画及雕刻（约 5 万年前）、农耕（约 1.2 万年前）等。与生命诞生至今几十亿年的时间相比，这不过是眨眼之间发生的事情。

物种的诞生与灭绝

和恐龙一样，数百万其他动物因灾难、疾病、严寒或物种竞争而灭绝。人类最终在物种竞争中胜出，如今却对生物多样性构成了最大的威胁。

三叶虫
2.5 亿年前灭绝

物种大灭绝

6600 万年前，一颗小行星撞击地球，造成了恐龙及许多其他动物的灭绝。不过，这次著名的物种大灭绝并非绝无仅有的，自生命诞生以来，地球共经历了五次物种大灭绝，导致 99% 的物种消失……第六次大灭绝很可能是由人类活动造成的。让我们从保护野生环境、减少垃圾产生量、节约用水三方面做起，逐渐改变日常行为习惯吧。

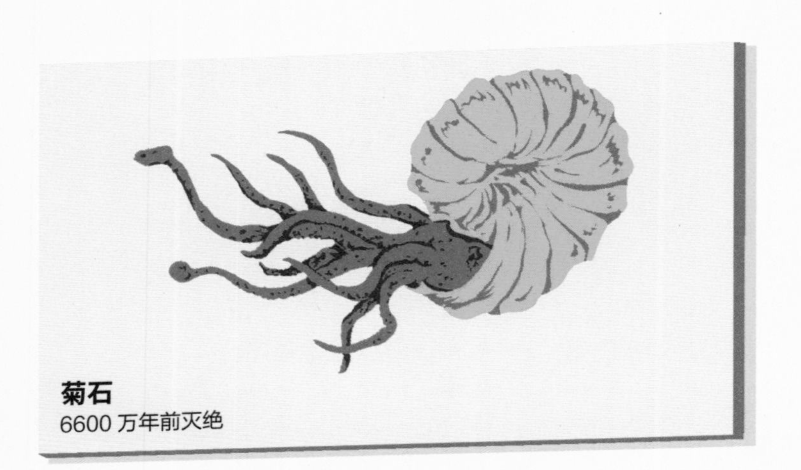
菊石
6600 万年前灭绝

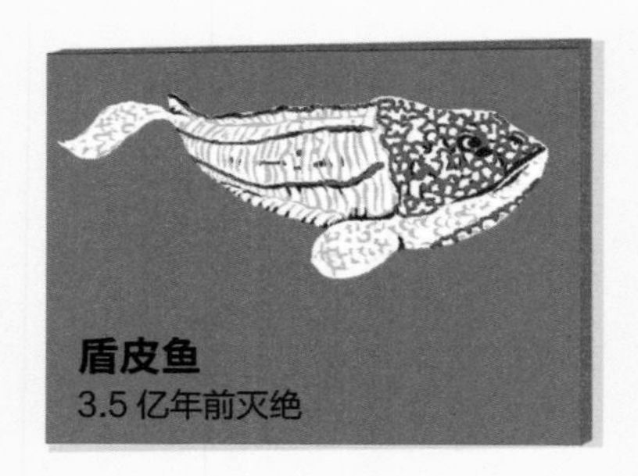
盾皮鱼
3.5 亿年前灭绝

梁龙
1.5 亿年前灭绝

至关重要的一步

很久以前，我们（智人）和其他人类物种共同生活在地球上，比如弗洛勒斯人和尼安德特人。弗洛勒斯人身高只有 1 米左右，居住在印度尼西亚的弗洛勒斯岛上，大约在 5 万年前灭绝。尼安德特人大约在 3 万年前灭绝。不过，尼安德特人曾和智人杂交过，因此，欧亚大陆及南北美洲的很多现代人都带有他们的基因。

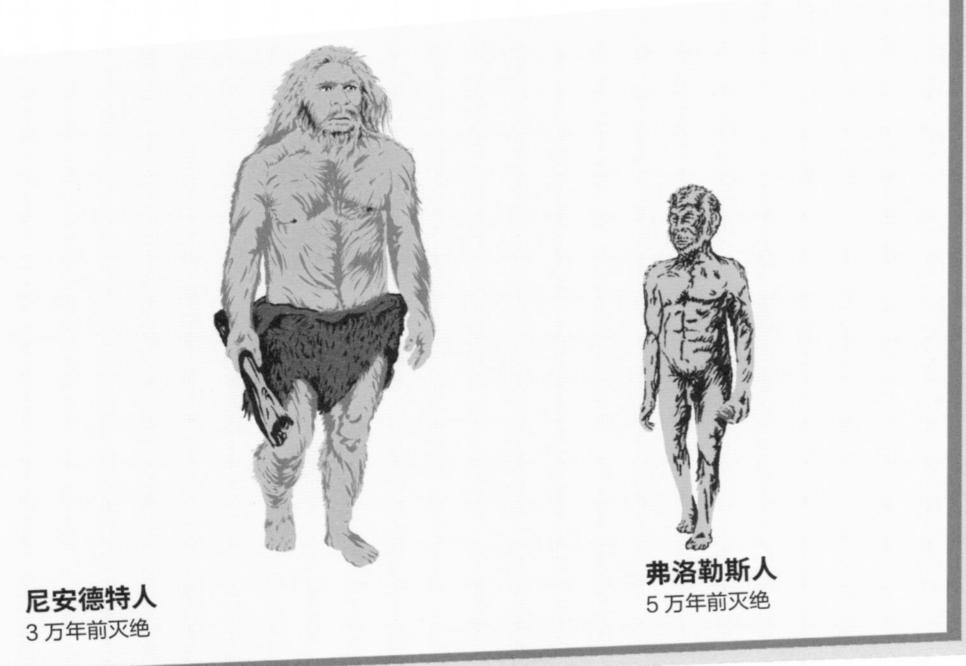

水手的盘中餐

人类这个物种基本上没有什么天敌（除他们自己以外），却通过捕猎、污染或破坏动物栖息环境，导致大量动物灭绝。1681 年，毛里求斯岛上的渡渡鸟不幸灭绝——它们因为不会飞而难逃过路水手的捕杀！

▲
2100 年，全球人口总数可能会达到 120 亿，大约是 2000 年的 2 倍。与此同时，地球上的自然资源逐年减少，气候日渐变暖，这都对人类的生存构成了巨大的威胁！或许有一天我们的后代可以移居到其他星球上生活，但目前，保护我们的环境还是当务之急！

进化树

进化树可以生动、概括地展示物种的进化历程。在 35 亿年的进化过程中，从远古祖先到各类近亲，再到现存后代，数以百万计的物种在地球上留下了印记。

关于分枝

两位小主人公站在类人猿分枝的末端十分孤独，但其他物种的分枝可能更加多样化。如果给每种昆虫都画一条分枝，那加起来大概得有 100 万条吧。

词汇表

进化

物种随时间的遗传变异，也是达尔文理论的核心概念。

细胞

最基本的生命形式。细胞就像一块微型的砖块，外有细胞膜，膜内有细胞质，是 DNA 的携带者。

DNA

位于细胞核内，主要由基因构成。基因可以世代相传，具有遗传性。

分子

由原子组成的整体。构成我们身体及周围事物的物质均由分子组成。

繁殖

细胞或生物产生新个体的过程。

基因

携带遗传密码的 DNA 片段，对生物体至关重要，控制着蛋白质等物质的合成。

物种

一群可以交配并繁衍后代的生物。

自然选择

环境对种群中个体生存和繁殖的影响。

偶然性

生物进化的机制之一。比如，在繁殖过程中，基因复制有可能会发生错误。

突变

基因在结构上发生改变，包括自发突变及由环境引起的诱发突变。

原子

构成物质的基本元素，包括氧、铁、硫等。

蛋白质

和脂肪、糖类一样，是生物体不可或缺的分子。细胞在这些物质的产生过程中起着至关重要的作用。

氨基酸

参与基因翻译的分子。不同的氨基酸可以组合成蛋白质。

寄生生物

需要依附于宿主才能生存或繁殖的生物。

转化

19 世纪初，在进化论提出之前，法国生物学家拉马克使用的术语。

真核细胞

进化程度较高，具有细胞核，内含 DNA。植物、动物及大多数真菌都由真核细胞组成。

细胞核

真核细胞的控制中心，内含 DNA。

线粒体

远古细菌的后代，已逐渐演化成真核细胞的能量工厂。

细胞膜

主要由脂质、糖类和蛋白质组成，是保护细胞免受外界伤害的屏障。

古老

这里用来形容年代久远的生命体。

组织

由细胞组成的具有特殊功能的整体。骨髓、软骨、肌肉等都属于组织。

谱系

一群有共同祖先的生命体。

化石

经过石化后的生物结构。不过，生物结构需要经历数千年才能成为化石。

刺胞动物

地球上最早出现的动物之一，主要包括水母、海葵、珊瑚等。